MON

par

ACHILLE LANGLOIS.

—

CHALON-S.-S.

IMPRIMERIE DE J. DUCHESNE, RUE St-ANTOINE.

—

1834.

MON

DERNIER VOYAGE.

MON DERNIER VOYAGE.

Départ.

L'imposant beffroi de la ville
Vint annoncer l'heure tranquille,
L'heure où tout sourit à l'amour,
Où le malheureux, à son tour,
Ferme sa paupière débile,
Humide des larmes du jour.
C'était l'instant où sur la route,
Nos coursiers devaient s'élancer,

Où nous devions nous entasser
Entre quatre murs dont la voûte,
Représentant une redoute,
Menaçait de nous écraser.
La voix du conducteur agile,
Mazeppa du char chalonnais,
Nous appelle : à sa voix docile
Nous montons sur le banc fragile,
Bon.... graces à deux coussinets.
En route : à cet accent rapide,
La machine sur ses pivots
Éprouve l'effet que les flots
Impriment au vaisseau solide
Qui roule et tangue sur les eaux.
Vainement ma jeune compagne
Réclame mon attention;
Sa voix, que le bruit accompagne,
Se perd aux cris du postillon.
Le vent de nos efforts se joue,
Il pénètre par tous les coins;
L'effet saccadé de la roue
Nous lance parfois de la boue,
Qui met en défaut tous nos soins.
Si l'un maudit une secousse,
L'autre souffle d'être à l'étroit,

Celle que son dossier repousse,
Se plaint à la vieille qui tousse,
En murmurant contre le froid.
Les cris du jeune enfant qui pleure,
En réclamant et sa demeure,
Son lit chaud et son teint vermeil,
Réveillent un commis qui jure
De ne pouvoir, dans la voiture,
Goûter les bienfaits du sommeil.
Moi, par caractère, optimiste,
Je ris d'eux et gaîment résiste
Au mal qui nous mène à Paris.
Le vent et la pluie ou la neige,
Les cris, les pleurs de mon cortége,
Ma foi, n'excitent que mes ris.
Mon voisin à large encolure,
Au nez saillant, à la figure
Enluminée à la Rembrant,
Sans façon dort sur mon épaule ;
Je me baisse, et soudain le drôle
Tombe la tête sur le banc.
Mon vis-à-vis est un compère,
Qui, pour moi, ne se gêne guère ;
Il prend ma place sans façon,
Je me tais, et le laisse faire ;

Il s'endort.... bien ! c'est mon affaire,
Il va s'éloigner d'un seul bond.
L'œil fixe, comme un somnambule,
Je lui pousse sur la rotule
Une épingle ; alors, en sursaut,
Le dormeur s'éveille et regarde,
Retire sa jambe, et prend garde,
Vers moi, de la placer si haut.
Je ris des quolibets rustiques
Que nous débite un voyageur ;
Sa face et ses cheveux antiques,
En dépit des apprêts chimiques,
Décèlent un vieux narrateur.
Imitant ainsi Démocrite,
Rien ne m'émeut, rien ne m'irrite,
(Entendons-nous), en voyageant ;
Tout m'offre un sujet agréable,
Lors même que je suis à table,
Et que le conducteur attend.
A peine a-t-on servi la soupe,
A la cosmopolite troupe,
Dont je suis un des Juifs-errants
Que l'hôte sans façon demande
De notre dîner la prébende,
Et la servante des présents.

On jure et parfois on dispute
Contre la fille et l'hôtelier ;
Mon humeur que je répercute
Fait que jamais je ne me bute ;
J'ouvre ma bourse et vais payer.
Enfin, la charpente animée
Suivant quatre étiques chevaux,
Dans le lointain voit la fumée
De la ville tant renommée
Par les beaux-arts et ses héros.
Paris !.... Alors chacun s'éveille,
C'était le moment où l'abeille
Quitte son mielleux réduit ;
C'était l'heure où le repos cesse
Chez nous.... Mais l'antique Lutèce
Du jour maintenant fait la nuit.
Charenton voit notre équipage
S'étendre au long sur le pavé.
Des cris, des pleurs, Dieu ! quel tapage !
Quand aucun mal n'est arrivé.
Vite à descendre on s'évertue :
Chacun se touche, en frémissant,
Les uns le pied, d'autres la tête,
Et mon voisin plus malhonnête
Se plaint d'être tombé séant.....

Comme aisément on s'habitue
A se retrouver bien portant,
On aide aux locatis que tue
Le postillon impatient.
Tant bien que mal on se replace
Dans cette étuve où vingt humains,
A chaque pas, font la grimace,
Dont la forme décrit la trace
Que nous suivons sur les chemins.
Malgré notre belle équipée,
Nous gagnons les plaines d'Ivry :
A droite se voit la Rapée
Et le village de Bercy.
Bercy..... si fécond en miracle,
Fabrique du vin sans raisins :
Il ne veut que la peau qu'on râcle
De l'arbre des Américains.
Aussi, la Bourgogne éplorée,
Voit-elle souvent sa denrée
Se mêler à ce vin bâtard ;
Et qui plus est, dans sa boutique,
L'eau rouge, que Bercy fabrique,
S'intitule : vin de Pomard.
Enfin, trève à mes balivernes ;
On ouvre les deux poternes

De notre obscur et chaud couloir;
Nous descendons, et je m'empresse
D'aller trouver chez mon hôtesse
Un doux repos.... lecteur, bon soir!

Paris.

Déjà le dieu de la lumière,
En s'avançant dans sa carrière,
Atteignait le point culminant,
Quand, de ma couche je m'élance,
Et cours vite à la diligence,
Prendre des places pour Rouen.
J'arrive, ah! quel malheur insigne!
Le chef du bureau me désigne
La place où gisent les paquets!
Inutilement je me fâche :
On dort aussi bien sous la bâche
Que sous les lambris des palais;
Là, le sommeil est moins à craindre;
L'ennui rarement vient vous joindre,
Ce dieu n'aime que le duvet.
Tandis que, sous ce frêle asile,
Quoique à l'étroit, on est tranquille,

La paille est un heureux chevet.
J'avais à moi six bonnes heures,
Pour admirer, dans leurs demeures,
Les élégantes de Paris;
Le ballon-monstre et la voiture
Qui, malgré sa svelte voilure,
N'a pour voyageurs que les ris.
Je cours à la place Vendôme :
A la colonne!.... et, sur son dôme,
Je jette à la hâte des fleurs.
Oui, c'est bien lui! c'est le grand homme
L'émule heureux des fils de Rome,
Il n'est plus!.... donnons lui des pleurs.
Je vole au temple où la patrie
Tient une couronne fleurie,
Qu'elle destine à ses héros :
Dans les cieux une voûte immense,
Que n'ont point Rome ni Florence,
Atteste le talent de Gros.
Paris n'est plus qu'une merveille,
La ville à nulle autre pareille,
Grandiose au de là de tout.
Là c'est un dôme que l'or couvre,
Ici des ponts, plus loin le Louvre;
Et le beau domine partout.

A d'autres à chanter sa gloire ;
Moi, qui jamais ne pourrai boire
Au fleuve du mont Hélicon ,
Je ne chante plus, mais j'admire.....
Et si je ressaisis ma lyre ,
C'est qu'en voiture nous montons.
Pour me dissiper en voyage ,
Près de moi, du compagnonage
On entasse dix auvergnats.
Point n'ont changé dans leur coutume ;
C'est le parler, c'est le costume
Antérieurs aux assignats.
On donne le signal, et vite
La voiture se précipite
Sur les grès d'inégale hauteur.
Alors, à chaque monticule ,
Le coche fait une bascule
Qui réveille le voyageur.
Le jour paraît , et sans relâche ,
Les joyeux enfans de la bâche
Racontent des faits tout nouveaux ;
De Goliath narrent l'histoire ,
Et m'assurent que le grimoire
Est la source de bien des maux.
Suivant eux, les anciens empires

Doivent leur fin à des vampires,
Aux farfadets, aux gobelins ;
Et si Napoléon succombe,
C'est qu'on a vu, sur une tombe,
Margot entre deux blancs lapins [1].
J'admirais les gros artifices
De nos crédules aruspices,
Débarqués dés mars de St-Flour,
Quand on signala ma patrie,
Les champs de la vieille Neustrie
Et de Rouen la haute tour.

Rouen.

Salut ! coteaux dont la verdure,
Offre de la belle nature
Les sites les plus ravissants.
Salut ! Naïade aux tresses blondes,
Depuis mon départ, sur tes ondes,
Tu vis les fleurs de cinq printemps.
Oui, c'est bien le toît de mon père,
Je le vois et j'entends ma mère
Dire en pleurant : Ah ! c'est mon fils.
Je suis au sein de ma famille !
Ils caressent ma jeune fille :
Paix et bonheur ! c'est mon pays.

Que notre ville est embellie !
Combien je la·trouve jolie
De ses charmes à peine éclos !
C'est une épouse jeune encore,

Qu'une pâle teinte colore,
Et qui promet des traits plus beaux.
C'est une tulipe brisée
Par le vent, et dont la rosée
Ranime les fraîches couleurs.
« Tu seras belle, ô toi que j'aime,
» Toi qui portas le diadême
» De vingt rois tes admirateurs [2]. »
Je revois l'antique édifice [3],
Dont le tabernacle est propice
Aux prières des malheureux.
Sous ces voûtes, sous cette arcade,
C'est Dieu qui nous sert de Pylade,
Alors on devient vertueux.
L'âme se trouve consolée
De lire, sur un mausolée,
Le récit des grandes vertus.
L'avenir, pour vous, se déroule ;
L'athéisme soudain s'écroule,
Et le néant n'existe plus.
Il semble que, sous ces ogives,
Des morts les ombres fugitives
Vous découvrent la vérité.
Votre âme en secret épurée
De son dieu n'est plus séparée ;

Elle croit à l'éternité.
Ces roses aux vitres gothiques,
Ces tombeaux, aux formes antiques,
Vous jettent des rides au front :
Vous vieillissez, car la pensée
Remonte à la source épuisée
Où l'esprit même se confond.
Montons sur le dôme du temple :
Ah ! c'est d'ici que je contemple
Le plus magnifique tableau.
Tout est riche, dans la Neustrie,
Tout vous porte à la rêverie,
Les bois et le cristal de l'eau ;
Mais sur la voûte où je m'égare,
Quel est donc le nouvel Icare
Qui va s'élever dans les cieux ?
Pourquoi cette fonte pesante,
Ce fer, dont la forme élégante,
Offre un ensemble harmonieux ?
Ne vantez plus les pyramides,
Ces rochers aux angles solides,
Sont les vrais enfans des déserts.
La nôtre, plus majestueuse ',
Touchera la voûte orageuse,
En se balançant dans les airs.

Descendons et gagnons la rive ;
Ici la Seine est moins craintive
Que sous les remparts de Paris.
Là-bas ses transparentes ondes
Cachent des cavités profondes
Où gisent de nombreux débris ;
Des vaisseaux, à large coquille,
Couvrent son onde qui pétille
Aux baisers de l'astre des jours.
Deux quais retiennent la folâtre,
Et deux ponts, sur son sein d'albâtre,
Me conduisent auprès du cours.
Mais non, ce n'est point un prestige,
Je découvre un nouveau prodige.
Quel est ce séjour enchanté [3] ?
Boïeldieu que Rouen admire,
D'Amphion aurait-il la lyre
Pour créer une autre cité ?
Cinq hivers ont, sur la nature,
Secoué de leur chevelure
Les frimas et les longues nuits ;
A peine, avant ce court espace,
Du monde trouvait-on la trace
Où de hauts palais sont construits.
Poursuivons..... Ainsi que l'abeille,

Volons de merveille en merveille,
Admirons tout ; et que le temps ,
Dans sa course précipitée ,
Permette à mon ame enchantée ,
D'être heureuse quelques instants.
On aime à revoir la charmille
Où s'assemble notre famille ,
Où s'écoula notre âge d'or.
Trois jours hélas ! et la Neustrie ,
Mes sœurs et ma mère chérie
Me verront m'éloigner encor.
. . . .

. . . .

Je reconnais les murs antiques
Où reposèrent les reliques
De la Vierge de Vaucouleurs[6].
Sommeille en paix, jeune martyre,
La mort est douce, quand la lyre
Fait couler pour vous de doux pleurs.
Salut au chaume qui vit naître,
Du cothurne le premier maître,
Corneille !... il règnera toujours.
Plus loin, l'auguste renommée
Tient une couronne embaumée,
Où Fontenelle vit le jour.

Je m'empresse de voir encore
Un large plafond que décore
Un bronze que l'or a jauni ;
Ici les vertus outragées,
Aux pieds de Thémis sont vengées,
Et le crime seul est puni.
La demi clarté, qui l'éclaire,
S'unit au grave caractère
Dont Rhadamante est revêtu.
Le bruit de vos pas qui résonnent,
Le timbre des heures qui sonnent
Tiennent votre esprit suspendu.
Quittons cette voûte imposante,
Et de la tourelle élégante
Admirons les heureux effets.
Ses clochetons, perçant la nue,
Rappellent bientôt à la vue
L'Egypte et ses fins minarets.
Quand l'heureux amant de Diane
Revoit le disque diaphane,
Muet témoin de son bonheur,
On dirait que de la tourelle
La voix d'un Iman vous appelle,
Pour prier le Dieu créateur.

Mais hélas ! le temps, de ses aîles,
Moissonne les heures nouvelles
Devancières de mon départ.
Ainsi qu'un trait qui fend l'espace,
Le moment du plaisir se passe
Et le temps n'a point de retard.
Celui-là n'a pas de patrie,
Qui ne sent son ame attendrie
A l'approche de longs adieux.
Le lit de nos jeunes années,
Des prix les couronnes fanées
Sont des souvenirs précieux ;
Témoins des plaisirs sans nuage
Dont s'énivre le premier âge,
Ils rappellent de doux instans.
La peine alors n'est qu'éphémère,
Et les seuls baisers d'une mère
Dissipent soudain vos tourmens.
On ignore que sur la terre
Règnent la haine et la misère,
La faim, la soif et la douleur,
Et que souvent les calomnies
Font attacher aux gémonies,
Les vertus, les lois et l'honneur.
Bientôt le voile se déchire :

On apprend que Socrate expire,
Victime d'un complot affreux.
Des jours le fleuve est moins limpide,
On voit exiler Aristide
Convaincu d'être vertueux.

. . . .

. . . .

Arrêtons-nous.... le bruit augmente ;
Une voix qui s'impatiente
M'appelle ....! l'instant est venu ;
Un seul instant ! un seul encore ;
Demain au lever de l'aurore,
Mon pays aura disparu.

Adieu colline verdoyante,
Vallon dont l'onde transparente
Réfléchit l'image des cieux.
Amis, parens, ô vous que j'aime,
J'entends vibrer l'heure suprême,
Recevez mes derniers adieux.

NOTES.

—

[1] Margot entre deux blancs lapins, etc.

Les bonnes femmes regardent la réunion d'une pie avec deux lapins blancs, comme le présage d'un grand événement.

[2] De vingt rois tes admirateurs, etc.

Rouen fut autrefois la capitale de la Neustrie.

[3] Je revois l'antique édifice.

La cathédrale de Rouen dont la fondation remonte en 1200.

[4] La nôtre plus majesteuse, etc.

Le 15 septembre 1822, la belle flèche construite en charpente et qui s'élevait sur la tour de pierre qui subsiste encore au milieu de la croisée, fut détruite par le feu du ciel; une nouvelle pyramide, exécutée en fonte de fer, montera dans les airs à une élévation de 436 pieds et ne le cédera que de 13 pieds à la plus haute des pyramides d'Egypte. (*Précis de l'histoire de Rouen*, *par M. Théod.* Licquet).

[5] Quel est ce séjour enchanté.

L'aspect du faubourg St-Sever, du côté du cours, est celui d'une ville nouvelle.

[6] De la vierge de Vaucouleurs.

Jeanne d'Arc fut brulée à Rouen en 1431.

[7] Un large plafond que décore.

Le plafond de la salle où se tiennent aujourd'hui les séances de la cour d'assises.

www.ingramcontent.com/pod-product-compliance
Lightning Source LLC
Chambersburg PA
CBHW051408050726
47595CB00006B/2757